我的第一本科学漫画书

升级版

科学实验王

KEXUE SHIYAN WANG

23 月亮的周期
YUELIANG DE ZHOUQI

[韩] 故事工厂/著

[韩] 弘钟贤/绘

徐月珠/译

21 二十一世纪出版社集团
21st Century Publishing Group

通过实验培养创新思考能力

少年儿童的科学教育是关系到民族兴衰的大事。教育家陶行知早就谈到："科学要从小教起。我们要造就一个科学的民族，必要在民族的嫩芽——儿童——上去加工培植。"但是现代科学教育因受升学和考试压力的影响，始终无法摆脱以死记硬背为主的架构，我们也因此在培养有创新思考能力的科学人才方面，收效不是很理想。

在这样的现实环境下，强调实验的科学漫画《科学实验王》的出现，对老师、家长和学生而言，是件令人高兴的事。

现在的科学教育强调"做科学"，注重科学实验，而科学教育也必须贴近孩子们的生活，才能培养孩子们对科学的兴趣，发展他们与生俱来的探索未知世界的好奇心。《科学实验王》这套书正是符合了现代科学教育理念的。它不仅以孩子们喜闻乐见的漫画形式向他们传递了一般科学常识，更通过实验比赛和借此成长的主角间有趣的故事情节，让孩子们在快乐中接触平时看似艰深的科学领域，进而享受其中的乐趣，乐于用科学知识解释现象，解决问题。实验用到的器材多来自孩子们的日常生活，便于操作，例如水煮蛋、生鸡蛋、签字笔、绳子等；实验内容也涵盖了日常生活中经常应用的科学常识，为中学相关内容的学习打下基础。

回想我自己的少年儿童时代，跟现在是很不一样的。我到了初中二年级才接触到物理知识，初中三年级才上化学课。真羡慕现在的孩子们，这套"科学漫画书"使他们更早地接触到科学知识，体验到动手实验的乐趣。希望孩子们能在《科学实验王》的轻松阅读中爱上科学实验，培养创新思考能力。

北京四中　物理教研组组长　物理高级教师　**厉璀琳**

作者序

伟大发明大都来自科学实验！

　　所谓实验，是为了检验某种科学理论或假设而进行某种操作或进行某种活动，多指在特定条件下，通过某种操作使实验对象产生变化，观察现象，并分析其变化原因。许多科学家利用实验学习各种理论，或是将自己的假设加以证实。因此实验也常常衍生出伟大的发现和发明。

　　人们曾认为炼金术可以利用石头或铁等制作黄金。以发现"万有引力定律"闻名的艾萨克·牛顿（Isaac Newton）不仅是一位物理学家，也是一位炼金术士；而据说出现于"哈利·波特"系列中的尼可·勒梅（Nicholas Flamel），也是以历史上实际存在的炼金术士为原型。虽然炼金术最终还是宣告失败，但在此过程中经过无数挑战和失败所累积的知识，却进而催生了一门新的学问——化学。无论是想要验证、挑战还是推翻科学理论，都必须从实验着手。

　　主角范小宇是个虽然对读书和科学毫无兴趣，但在日常生活中却能不知不觉灵活运用科学理论的顽皮小学生。学校自从开设了实验社之后，便开始经历一连串的意外事件。对科学实验毫无所知的他能否克服重重困难，真正体会到科学实验的真谛，与实验社的其他成员一起，带领黎明小学实验社赢得全国大赛呢？请大家一起来体会动手做实验的乐趣吧！

目录

人物介绍

范小宇

所属单位：黎明小学实验社

观察报告：

·梦到了在现实中无法达成的心愿。

·因为一系列冲动的举动，无意间点燃江士元和许大弘之间的战火。

·好心对待江士元的粉丝团成员，却意外成了大家的眼中钉。

观察结果：小宇的行动派特质，加上江士元的冷静，让两人最终找出解决问题的新方法。

罗心怡

所属单位：黎明小学实验社

观察报告：

·江士元粉丝团的第一号公敌。

·无意间展现出清秀外表背后所隐藏的惊人运动能力。

·无缘无故遭到许大弘的误解。

观察结果：绝不轻易怀疑或诬赖任何人。无论在何种情况下，对于自己深信的事情都不会有丝毫动摇。

江士元

所属单位：黎明小学实验社

观察报告：

·在毫无选择余地的情况下，无奈地举行了一场粉丝见面会。

·比任何人都清楚许大弘的思维方式。

·绝对不会轻举妄动。

观察结果：虽然决定与许大弘撕破脸，但若深入观察，不难发现许大弘隐藏着的深深的情感。

何聪明

所属单位： 黎明小学实验社

观察报告：

· 为了亲眼看见月食，决定暂时把挚友小宇抛在脑后。

· 对于随时随地纠缠不休的小宇感到无比佩服。

· 总是能够第一个察觉到小宇的异常举动。

观察结果： 不愧是立志成为记者的少年，总是能够第一时间得到一线消息。对于调查事情的真相，也总是坚持到底。

许大弘

所属单位： 太阳小学实验社

观察报告：

· 每次见到罗心怡，都感到如坐针毡般的难受。

· 在一场重要的对决中，遭遇连续跌跤等意外的窘境。

· 想要彻底走出江士元的阴影。

观察结果： 感到不安时，总是装出一副坚强的模样，但始终隐藏不住内心的焦虑。

艾力克

所属单位： 大星小学实验社

观察报告：

· 最擅长借实验来凝聚众人目光的科学达人。

· 为是否该加入阴谋而烦恼，选择回避还是挺身对抗，终究要做出决定。

观察结果： 做实验已经不再让他感到满足和愉快。

其他登场人物

❶ 断言一定会获胜的太阳小学校长。

❷ 担任会外赛对决主持人的裴宥莉。

❸ 犹如鬼魅般不断神出鬼没，使小宇身陷恐惧之中的柯有学老师。

第一部 善变的月亮

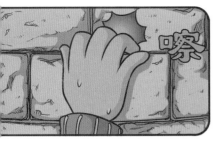

不行!

你千万不可以对着善变的月亮发誓!

你说月亮善变?

你看!月亮可是每天都在变化形状的。

再说,你没有听说今天可能会出现月食的消息吗?

月……月食?

对,这一切都是因为月球的公转所致!

公……公转?

瞧你这副……

沙沙作响

毫无头绪的表情!

嗒嗒

嗖

我这辈子最讨厌的就是做噩梦了!

捶捶捶捶捶捶

消失吧,消失吧!

我得忘掉才行!

你究竟是梦见了什么啊?

都是因为你!一整天把月食什么之类的话挂在嘴边,害得我连做梦都要见到月亮!

有一个惊人的消息!听说今晚有月食!

你们会去观赏吗?

印象中好像有讲过!

发飙

哇,那你是在梦中见到月食喽?怎么样?很壮观吗?

哼

好奇吗?今晚你可以亲眼看见啊!

说什么月亮之所以每天改变形状,是因为公转的原因之类的话……

总之,简直就是一派胡言的噩梦!

呵呵呵

惊悚

哪里是一派胡言?

你别靠近我!

不论是月亮的圆缺变化，还是产生月食的原因，都是因为月球的公转所导致。

你该不会不知道吧？

胡说！

我清楚得很！

就是月亮自己原地打转嘛！

转个不停

怎么样？我说得没错吧？

那叫自转！

这叫自转？

那公转是什么啊？

天旋地转

我记得上次在解释月亮的变化时有提过吧？

有吗？

是因为月亮的移动！

月亮之所以会变化，

又好像有这么回事……

是那时候讲的吗？

哈哈，可能是刚刚才睡醒，才会一时想不起来。这就是所谓的半梦半醒吧？

哈哈哈

怪不得一定要亲自参与实验，那样就会马上想起来的！

她不是说过要去图书馆办事的吗？还说晚上会再过来这里跟我们会合的。

你怎么不叫醒我！怪不得只有我没听到！

你要怪自己随时随地都在打瞌睡吧！

那我们可以开始了吗？

刚刚你在原地打转的行为，是一种自转运动。

是指天体以固定的自转轴为中心，做自我旋转的运动。

自转轴

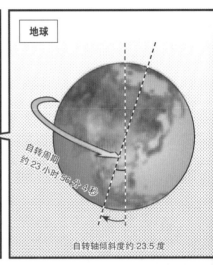

地球

自转周期
约23小时56分4秒

自转轴倾斜度约23.5度

那公转呢？

公转是指行星环绕恒星，或是卫星环绕行星的一种运转现象。

中心的天体

地球

公转周期
约365天6小时9分10秒

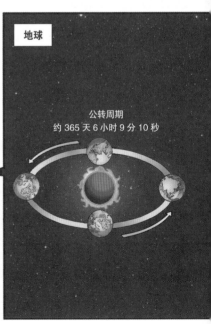

我彻底理解了！

这是自转，

而这就是公转！

以太阳为中心做旋转运动！

太阳

地球

以我自己为中心旋转，是自转！

以其他物体为中心旋转，则是公转，对吧？

没错，而月球是以地球为中心进行公转的。

我也知道，就是这样转！

地球

月球

不仅如此，太阳也以银河系为中心进行公转。

月球、地球，还有太阳？

我是谁？

也就是说，

银河系的一种不为人知的巨大力量，牵动太阳的公转，而地球则围绕着太阳……

慢着！

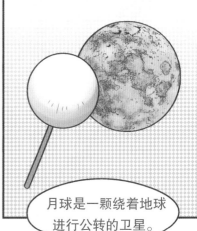

太阳、地球、月球，分别是恒星、行星、卫星？

这三种星体各有不同之处。

月球就像这样绕着地球进行公转，

不同于太阳的是，无论在何处观测，月亮总是呈现出不同的形状。这是因为……

紧张

不会真的是因为善变的关系吧？

月球无法自行发光的缘故。

无法发光？

咻咻咻

当啷　当啷　当啷

真是难以相信！人们有着无数以月光为题材的故事，结果月球竟然无法自行发光！

我们在晚上看到的月光，其实是月球所反射的太阳光。

反射太阳光？

原来如此啊！

嘿

太阳在整个太阳系总质量中，所占的比例非常大，约为99.86%。又因为距离太阳系其他天体很远，所以太阳光接近于平行的光。星体照不到太阳光的另外半面，就呈现阴影状态，月亮就是如此。

呃，真的！

不管月亮在什么方位，只有向着太阳的那一面在发光！

旋转

旋转

不过，这是仅限于在宇宙观测月球时的情形。如果换成在地球观测月球，则又是另一种情形。

现在我就让你们看一下，在地球观测月球的面貌好了。

由于月球是绕着地球进行公转的，如果位于地球和太阳之间，月球的黑暗面几乎完全朝向地球，此刻的月相称为"朔"或新月。

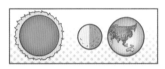

看起来真的黑漆漆的呢！

经过约三至四天后，由于月球的公转，使其露出接受阳光的一面，此时叫蛾眉月。约七至八天后，则会变成西半边发光的上弦月。

看到了！是蛾眉月！

直到农历十五，月球正对我们的一面，刚好全部被太阳光照亮，我们就会看到又大又圆的月亮，称为"望"或满月。

变成满月了！

经过约二十二至二十三天后，变成东半边的月亮是亮的，称为下弦月；接着月亮一天天变细，再变成蛾眉月，也叫残月，最后又会不见踪影。

真是惊人！

完美！正是我每天所看到的月亮之变化！

原来这就是月球的公转啊！

月球就是这样由朔开始，依次经过蛾眉月、上弦月、满月、下弦月、蛾眉月的方式改变！

月球绕着地球旋转一圈所需要的时间，也就是公转周期，大约是 27.32 天。

咯

等一下！根据月球的旋转所绘制的阴历一个月是 29 天或者 30 天，不是吗？

阴历：以月球绕着地球旋转一圈的时间为基准制成的历法。

啊，那是因为地球的公转所致。月球在公转时，地球也绕着太阳进行公转，所以会产生约 2.2 天的落差。

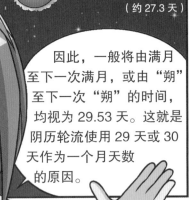

朔望月（约 29.53 天）

恒星月（约 27.3 天）

因此，一般将由满月至下一次满月，或由"朔"至下一次"朔"的时间，均视为 29.53 天。这就是阴历轮流使用 29 天或 30 天作为一个月天数的原因。

我们平常所使用的月历是阴历吗？不是吧？29天只会出现在每四年轮一次的二月份呢！

你了解了吗？

那是阳历吗？

没错，是阳历。

阳历是将地球绕着太阳进行公转的周期设定为一年的历法，

阴历是将月球绕着地球进行公转的周期设定为一个月的历法。

由于阴历与季节变化不相符，人类开始从事农耕之后，便普遍使用阳历。不过由于潮汐现象与阴历一致，因此阴历在沿海地区仍广为使用。

阳历

阴历

潮汐现象……

之前已经做过相关实验了！

由于月球引力的作用……

涨潮

退潮

想起来了！波浪发电机实验！由于月球引力的作用，

地球面对月球的一面会出现海平面上升的现象，称为涨潮。而与地月连线呈垂直的区域，则会出现海平面下降的现象，则称为退潮！

→ 月亮

对吧？

对吧？

哼

记性还不错嘛！

这下我才明白，从阴历到潮汐现象……

月球带给地球的影响，也不亚于太阳呢！

夜晚会更加漆黑，

更别说让我们观赏到月亮阴晴圆缺的美景了。

当然！

咔嗒

假如没有月球的话，地球或许就不会是现在这样的面貌了。

慢步

慢步

何止如此。

慢步

咔嗒

慢步

月球是太阳系中的第五大卫星。相对其行星的大小比例来看，它可是最大的。

而月球对地球的引力也很大，这也是地球的自转轴方向稳定、不易变动的原因之一。

假如地球的自转轴像火星那样容易改变的话，

将造成巨大的环境变迁，即使出现生物，恐怕也是昙花一现，无法持续发展。

就是因为那一股神秘的力量，月球自古至今一直是人类极力研究的对象之一！

那一场梦，
绝对是一种启示。

啊！
我终于
明白了！

你在说什么啊？

从一开始因为
一场意外，差点
儿烧光了头发

你们仔细
想一想！

一切都怪我，
害得老师离开
了我们！

不敌太阳
小学，尝到败
北的屈辱！

乃至和
未来小学
进行复赛！

再加上如
今还会看
到鬼影！

最近突然
发生了一连串
倒霉的事情！

……

不过，我刚刚想到了
一个能够解决这一切
问题的好办法！

解决办法？

再现老祖先的智慧，
我们也来利用月亮！

那就是……

放一碗甘露水，

在满月的那一晚，

怀着一颗虔诚的心！

祈求神明带走厄运！

这样一来，我相信月亮一定会帮我们解决一切的！

求求你！

求求你！

唉，无聊！

你嫌我无聊，那你又有什么好办法呢？

……

慢步

慢步

我相信"事出必有因"，事情不会是无中生有的。

即便看起来是一场巧合，但所有事都有因果关系。

如果能够找出来的话……

就连这个事件背后的原因也是！

你认为直到原因曝光之前都按兵不动的话，就会有人来帮我们解决问题吗？

这可不是身为科学人应有的态度！

?!

喂，你那祈求月亮的想法才是烂点子！

人家讲的又不是那个意思！

实验是一种尝试！只要有一点点的可能性，也该做点儿什么吧？这样才能确认我们的假设究竟是对还是错，或者至少能够理清为何会发生那种落差嘛！

好奇就戳一下！

颠覆一下，

触摸一下，

改变一下，

再来一次！

滚动一下，

你们要知道消极是不会带来任何好结果的！

在没有任何对策的状况下，盲目作为是不能解决任何问题的。

反而会使事情变得更糟。

如果怕误事的话，结果就是什么实验都不能尝试。你若这么害怕，干脆都交给我这王牌好了！

有一种假设是不能靠任何实验来求证的！

不能靠实验来求证？

就是实验的前提根本就是错误的！

无论采取什么补救措施！

就像无法看到月亮的另一面一样！

到时候不论你要如何去补救，

也不会得到任何结果。

另一面？

瞧你这副……

又是这副毫无头绪的表情！

实验1 观察月球表面

在天文望远镜问世之前，绝大部分人都以为月球的表面是平滑的。随着观测工具的日益精良，人们逐渐看到了月球的实际面貌，原来它的表面凹凸不平，随处可见凹陷的洞口，是一颗由各式各样的地形——如山脉、平原、峡谷、盆地等——所构成的星球。现在，我们就通过高清晰度的月球照片，来了解月球的真面目吧！

准备物品：上弦月、下弦月、满月照片、描图纸、铅笔

❶ 在满月的照片上面放一张描图纸。

❷ 一边观察照片中月球的地形，一边用笔在描图纸上照着照片绘制图案。

❸ 将绘制完成的图案分别放置于上弦月和下弦月的照片上面，进一步仔细对比月球的表面。另外，思考一下明亮处、漆黑处、凹陷处等分别代表哪一种地形。

这是什么原理呢?

月球的表面由于光的反射会呈现明暗的分区,大致可分为"月海"和"月陆"两部分。其中比较明亮的部分称为月陆,其地形呈山峦起伏、崎岖不平状。比较暗淡的部分称为月海,其轮廓大体呈浑圆状,相对而言比较平坦。其实月海里面没有水,它是地势比较低洼的广阔平原。

月海是月球地函中的岩浆从地壳破裂处涌出,在填满了低洼地区后所凝固而成的深色玄武岩平原。而月陆则是由结晶岩石组成的,主要的岩石类型有斜长石和富含镁的结晶岩套,这也是月陆看起来比月海相对明亮的原因。

实验2 观察月球的位相变化

不同于在任何角度总是呈现相同形状的太阳,月球的形状每天都会改变。有时是形状像眉毛的新月,有时是圆滚滚的满月,有时又突然行踪成谜,一整天不见踪影。

现在就让我们安排一整个月的时间进行月球观测,从而了解月球究竟是如何改变形状和位置的吧!

准备物品:照相机 📷 、笔记本(观测日志)📓 、铅笔 ✏️

太好了!
就是这里!

❶ 首先,选定一处可以定期观测月球的地点。最好是视野开阔、可以看清楚月亮的地方。

❷ 从农历初一开始，每天观测月球，为期一个月。随着季节的变化，观测的时间有所不同，秋、冬时，在晚上 7 点左右。春、夏时，则晚上 8 点以后较为适宜。

❸ 利用照相机拍下月球的形状。此时，若能同时拍下月球周围的景物背景，便能同时掌握月球在天空中的位置变化。

❹ 将历时一整个月拍下来的月亮照片贴在观测日志上，接着就来观察月球的形状及其在天空中位置的变化。

这是什么原理呢?

　　月球以一个月为周期，按照新月、蛾眉月、上弦月、凸月、满月、凸月下弦月、蛾眉月的顺序改变形状。月球改变形状的现象是因为月球无法自己发光，只能反射太阳光，而月球绕着地球公转，因此根据地球和月球的相对位置不同，我们所看到的月球形状就会发生变化。如实验结果，在一整个月的每晚7点观测月亮，就能够观察到由新月到满月的变化，月球出现在天空的位置由西边逐渐移往东边。然而，过了满月之后，由于月亮露脸的时间变得越来越晚，所以就无法在晚间7点左右进行观测了。

第二部 莫名其妙的战书

啊……

江士元那家伙说得没错!

有人正在贿赂主办单位!

这么说来,艾力克也与此事有关……

哼,管他呢!

我只要关注明天的比赛就行了。

连你也要找我麻烦?我的麻烦已经够多了!

你们应该也不想输了比赛吧?

我当然也想赢得比赛!可是……

40

43

没有啊！

我……

?!

嘟嘟嘟嘟

不 要 乱 来！

呃！

嗒 嗒 嗒 嗒

心怡，这里很危险，你先到旁边去！

嗯？

许大弘！

你现在连这么善良的心怡也敢欺负？

握拳

我才明白原来你是如此卑鄙的家伙！

我可没有怀疑过你做了什么陷害人的事情！

在我的印象中，你是一个贪心的人，但更是一个比谁都热爱实验的朋友，所以我相信你。

相信我？

一派胡言！

！

不瞒你说，那天我看见你从实验室走出来时，我确实有想过你或许了解事情的来龙去脉，这一点倒是真的。对不起，我误会你了，我向你道歉。

许大弘那天从实验室走出来？

你……

你这又是什么眼光啊？该不会你也在怀疑我？

我什么都不知道！我什么都没有看到！

我因为没有找到实验器材，所以就走出来了，就这样而已！

我不太了解真相，但你会做出这种决定，

相信你一定有你的理由。

所以你也就相信我们吧……

我们会配合你到最后的！你千万不能为了我们而放弃！

不管你想找到的是什么，我们一定会帮你的！对你而言，或许我们只是一群学生，但你是我们永远的朋友！

紧张

！

竟然愿意配合我操纵比赛结果，你们究竟在想什么呢？

呼

你们现在已经失去理智了。

这不是理所当然的吗？我们绝不能让你就这么离开。

你可是我们的指导老师啊！所以你可别想不负责任地一走了之！

老师……没错。现在的我已经不再是柯有学老师的学生。我……我是……

思索

言之有理。

呼

好，那明天的比赛就靠你们了。

53

咦？月亮已经出来了！

是不是跟这张照片一模一样呢？

你们看一下！

嗯，正是。

这……可不是一张单纯的月球照片。

从中可以明显看出月球表面的地形！换句话说，这是一张地图才对！

54

其中灰暗的地区是由凝固的熔岩所形成的巨大平原，称之为月海。

而比较明亮的地区是月陆。据说这是因为分布在月陆的岩石含有丰富的二氧化硅，所以才会闪闪发光！

另外，呈圆形凹陷的这个地方，则是遭受陨石撞击而形成的陨石坑。

没有水和空气的月球也有各种地形，真令人叹为观止！

很神奇吧？

对吧？

好神奇！

哼！

但还有一项更重要的事实！

由于月球没有空气，因而不具有地球上存在的三种现象！

你们知道是什么吗？

第一，声音！

不具有借由空气传送的声音。

沉静

第二，风！

不具有借由空气的流动所产生的风。

第三，天空的颜色！

不会出现借由空气散射阳光，进而使大气层呈现天蓝色的现象。

范小宇，怎样？
很惊人吧？

哇，好惊人哦！

真是
不可思议啊！

石化

什么啊？
真没诚意！

士元，
你应该很了解吧？

我指的是月球
没有借由风和水
所产生的侵蚀作用！

啊……

嗯……

因此，据说月球表面仍然
留着人类在 1969 年搭乘
"阿波罗 11 号"首次登陆
月球时的脚印呢！

即便已经过了 50
多年的时光。这可是
不可能发生在地球上
的事情呢！

对了，你知道月
球也有重力吗？

不过，月球
的重力只有
地球的六分
之一而已。

……

所以啊，人类在月球表面，可以像袋鼠那样蹦蹦跳跳呢！

……

我什么都没有看到！

那家伙一定有所隐瞒！

还有艾力克应该也有份……

慢着！

就是明天了！

其实许大弘讲话还有别的暗示……

假如我要策划那种阴谋的话，对手最起码要具备大星小学的水准……

没错！表示和下一场比赛有关联！

太阳小学和大星小学的对决！

紧张

这让我感到有些好奇！

嗯，什么？

什么嘛，你这是从头到尾都没有在听我说话，是吗？你越来越像小宇了！

我是说探测月球的事。既然需要花那么多的经费，人类为何还要持续不断地尝试呢？

57

啊……

难道我就只能这样袖手旁观吗？

在这种状况下，我能够做的……

月球依然保留着很久以前太阳系刚刚形成时的面貌，因此被视为可以揭开太阳系秘密的钥匙。

不仅如此，由于离地球最近，它还具备着可当太空基地使用的无限潜力。

此外，月球土壤富含作为未来能源的核聚变发电原料"氦-3"，含量估计约 100 万吨以上。

除此之外，宇宙开发更具有提升国家竞争力的价值。这也是很多国家争相加入月球探测行列的原因。

哇，真不可思议！要是能够顺利进行探测的话，结果会很惊人吧？

因此，中国、美国、俄罗斯、日本等国家正积极推动月球基地建设计划。

啊哈！

虽然目前还没有什么成果，但却指日可待！怪不得人类要如此持续不断地挑战！

没错……

持续不断地挑战……

59

真是的!

究竟是什么事情呢?事情一定不单纯。

像他这种人竟然在书桌前坐了那么久!

刚才他似乎在很认真地写着什么东西。

转头

既然如此,

一定会留下痕迹……

咯咯作响

这是!

61

改变世界的科学家——伽利略

伽利略是意大利的天文学家、物理学家，利用自己设计的天文望远镜成功观测月球的表面，奠定了天文学发展的基础。他原本任教于大学数学系，自从1609年自己打造天文望远镜观测月球后，便开始对天文学产生了极大的兴趣。当时，人们深信月球的表面是既平整又光滑的形态，但后来伽利略发现月球的表面也有像地球上的山丘和峡谷一样的地貌，因而呈现凹凸不平的形状。

伽利略·伽利雷 (Galileo Galilei, 1564—1642)
主张地球与其他行星都是绕着太阳运行的日心说。

不仅如此，伽利略还发现了木星周围也存在着卫星的事实，并于1610年将此内容发表在《星际使者》一书中。后来，他又发现了太阳黑子现象。伽利略于1632年出版了《两大世界体系的对话》，提出"日心说"，也就是地球与其他行星都是绕着太阳运行的理论。然而，后来因为当时的教会支持"天动说"（主张地球是宇宙的中心，地球本身不会动，只有其他的星体和恒星会移动，所有的星球都环绕着地球运行），强力打压伽利略，还把他押到罗马宗教法庭总部接受审判。后来，伽利略被迫签下了一份关于放弃"日心说"的承诺书。但据说他宣布放弃地球围绕太阳旋转的理论时，依然自言自语道："但是，地球依然在转啊！"从此以后，他依旧没有停止对宇宙和星星的研究，他所遗留下来的许多成果对天文学领域做出了极大贡献。

伽利略对画画也很在行呢！

伽利略绘制的月球表面素描图

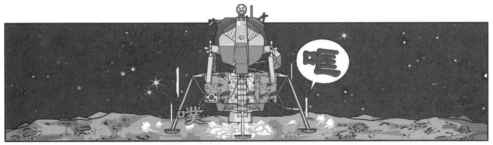

结束了为期八个月的太空飞行，我们终于抵达了火星！

老鼠的一小步，就是人类的一大步！万岁！

我第一次觉得身为您的助理是一件骄傲的事！

我这就去采集关于火星的资料！

首先，重力是地球的六分之一。

跳跃

由于没有大气层，即便是白天，天空看起来也是黑漆漆的！

地表全被灰尘所覆盖，使得脚印不容易消失。

宇航员的脚印

根据这里的种种环境迹象去推估……

这里不是火星，而是月球啦！

所以说从地球飞行到月球需要八天，我们却创下花了八个月就抵达的纪录吧！

老鼠登上月球，这纪录也很不错啊！

第三部

躲进影子的月亮

嚓

慢步

慢步

跨步

跨步

慢步

慢步

许大弘的房间是在四楼吗？

啊！

喂！许大弘！

战书！许大弘，请注意！我要以正义之名……

啪

撕 撕 撕

你在干吗？

你还好意思问我……

唉 抖抖抖

你们这么做未免也太离谱了吧？我们可是很忙的！

我们可没时间陪你们玩这些幼稚的游戏啊！

73

虽然我不敢保证这方法行不行得通，我们就姑且一试吧！

练习室D

咚

你说士元他亲口下了战书？

嗯，终于可以清算彼此之间的恩怨了！

既然你要代替我出征，记得拿出真本事，千万不能丢了我的脸！

哼

咔嚓

咔嚓

比赛主题就用抽签的方式从你们写好的纸条中来决定好了。

实验顺序则由没有被抽中的队伍来决定！

主题 A 队

B队

顺序由我来定！

点赞人数 10 人

点赞人数 100 人

接着将两个人的实验过程拍摄成影片，上传到大会的官方网站后，

以一个小时内累积的点赞人数来判定胜负好了！

好啊！

这样应该是很公平的！大家都同意吗？

采用以貌取胜好了！

好啊！

嗯，谢谢你愿意到场来协助我们！因为我们正需要一个能够站在第三者立场进行公平裁决的人。

接下来就靠你了！

是我要谢谢你才是！让我有机会采访这种独家新闻。

就是"月亮"！

月亮

黎明小学　何聪明

哇！
是我的！

到头来还
是月亮！

月亮？！

由于抽中的是黎明小学所提出的主题，所以实验顺序就由太阳小学的许大弘决定。

既然比赛规则是完成实验后，将该影片上传到官网让网友点赞，这表示先上传影片的人具有一定的优势。就算概率再怎么低，几秒钟的时差也很有可能左右比赛的胜负。再说……

做出决定了吗？

……

如果顺序排在后面的话，实验内容很有可能重叠，以致处于不利的局面。

既然如此……

就由我先来吧！

因为我已经决定好实验内容了！

慢步

慢步

慢步

好，首先要进行的是许大弘同学的实验！

在开始正式的实验前，他正在准备所需要的材料，究竟会是什么样的实验呢……

咔咔

他所准备的材料是石膏粉、盘子、石块儿、镊子，以及装有水的喷雾器！

请问实验主题是什么呢？可以请你亲自说明一下吗？

好的。我打算利用在家中也能够轻易取得的各种材料进行一项实验……

请各位多多支持哦！

不行！不能笑！你是想放弃比赛吗？

甭想以貌取胜，否则绝对以败北收场！

奇……奇怪了，有人在讲话吗？

81

注 [1]: 同步自转效应，几十亿年前，当月球还在熔融状态时，在靠近地球最近处和最远处的月球表面，会产生两个隆起的部分。由于熔融物质具有黏滞性，当月球自转时，隆起的部分为了朝向地球，就会在月球表面产生摩擦力，使其自转速度减慢，直到自转周期正好等于公转周期为止。

也就是说，我们从未看过月球的另一面？

你绝对看不到我的背面！

就像我们无法看到月球的背面那样！

原来那时候的那句话……

是真的！

要是一开始就这样解释的话，不就很明白了吗？非要讲得那么复杂！

?!

哼

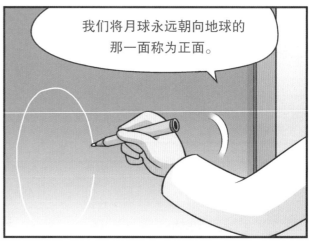

我们将月球永远朝向地球的那一面称为正面。

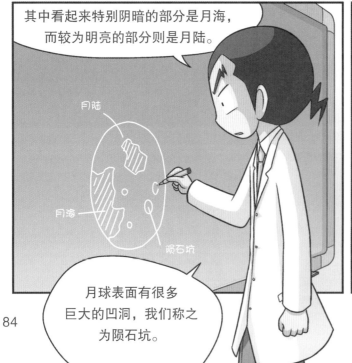

其中看起来特别阴暗的部分是月海，而较为明亮的部分则是月陆。

月陆

月海

陨石坑

月球表面有很多巨大的凹洞，我们称之为陨石坑。

嘿

原来刚才聪明所看的照片，是月球的正面啊！

哇

那月球的背面会是什么样呢?

它和正面有着显著的不同。背面呢……

就像这样……

拥有更多陨石撞击的坑洞,并缺少黑暗的月海。

其原因可从稍早说明的地月潮汐力[1]中找到答案。

为了方便大家了解这一点,

现在就由我通过此项实验呈现出陨石坑的生成过程。

注 [1]: 受到地月潮汐力的影响,月球正面的地壳比较容易破裂,而使玄武岩浆涌出。

85

首先，在盘子上面倒入足够的石膏粉，

用来打造月球的表面。

沙沙沙沙

接下来把石块儿掉落在月球的表面。

这些石块儿代表撞击月球表面的陨石。

当陨石跌入大气层厚实的地球时，经过与大气层的摩擦，绝大部分陨石无法抵达表面便会烧尽，

但由于月球没有大气层，陨石会直接撞击月球表面。

砰

砰

砰

砰

砰砰

此过程会释放出惊人的能量，进而形成凹洞。接着便会慢慢陷入地底下。

砸出的物质则在四周堆积，形成环状山脉。

进而形成周围凸出、中心凹陷的陨石坑，

陨石撞击

刷

砰！

咝咝咝

释放撞击所带来的碎片和能量。

解体的陨石和表面便会下陷。

这就是所谓的陨石坑。

咚

尽管经历漫长的时间，也依然能够维持初始的面貌，这是因为月球没有大气层的缘故。

接着在凹陷的石膏粉表面喷洒水雾，使其凝固来制作出模型。

以上就是陨石坑的生成过程。

然而，这里还有一件事情值得我们去进一步思索。

为什么，

相较于月球的正面，其背面拥有更多的陨石坑呢？

正面　背面

那是因为月球的潮汐锁定，

使得月球的正面总是朝向地球，

相反的，其背面则总是面对着宇宙，以至于陨石的撞击相对比较频繁。

原来就是这个缘故啊！

以上就是关于月球的自转和陨石坑生成过程的实验。

了不起！

哇啊啊

好极了！棒极了！

完美无瑕的实验！

微笑

好。

许大弘的部分结束了……

啊

这张照片绝对会是扣分的主要因素。

顿住

你疯啦！你现在是在帮对手加油！

我也不知不觉就……

这次比赛我们非赢不可！

一定要替心怡出气！

江士元！我们的战略毫无疑问就是以貌取胜。你唯一的武器——微笑，你要记得用啊？

涂抹

不要啰嗦！

转身

涂抹

首先，利用橡皮圈把大尺寸放大镜捆绑在直尺的末端，并加以固定，

找出放大镜的焦点位置，焦点到透镜的距离叫焦距。

此时，只要通过移动白色厚纸板的动作，进而找出极远处的物体能呈现出清晰倒影的位置就可以了。

利用相同方法测量出小尺寸放大镜的焦距长度，

隔着相当于两支放大镜焦距相加后的距离，捆绑固定两支放大镜就可以了。

约 28 厘米

约 13 厘米

此时，大尺寸放大镜和小尺寸放大镜，分别扮演物镜和目镜的角色。

物镜会收集远方物体发出的光线，并将其折射到焦点附近，而呈现明亮的影像。目镜则是放大镜，将此影像放大。

物镜

目镜

焦点

0　10　20　30　40　50

自制简易天文望远镜实验到此结束。

结……结束？

就这样？

以上就是江士元同学的实验……

拿起

还没结束！

没错！今天可是观测月食的日子！

是今天吗？

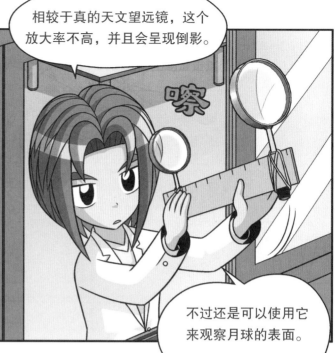

相较于真的天文望远镜，这个放大率不高，并且会呈现倒影。

嚓

不过还是可以使用它来观察月球的表面。

点头

你的相机拍得到吗？

啊，好！我来试试看！

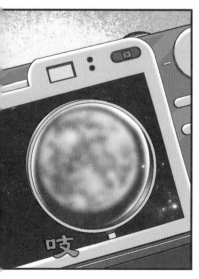

哎

叽咿咿

啪

人类的挑战：月球探测

　　过去只能在科幻电影中见到的宇宙探测场景，随着1957年苏联的人造卫星"斯普特尼克1号"成功升空后，便在现实中梦想成真。自此，人类的探索圈便延伸到了宇宙。现在我们就来探究一下不可思议的月球探测任务吧！

月球探测的历史 1958年美国相继发射"探索者"系列1、2、3号人造地球卫星之后，利用太空探测器进行的月球探测，便正式加快了脚步。然而，令人感到惋惜的是，当年发射的所有太空探测器，没有一颗是成功进入月球轨道的。隔年，由苏联发射的"月球1号"，是首次成功进入月球轨道的无人太空探测器。接着，1966年，"月球9号"登上了月球。1969年美国的载人太空探测器"阿波罗11号"登上月球后，便成功揭开了人类首次亲自探测地球外天体的序幕。当时，宇航员历经约21小时36分钟的时间滞留在月球表面采集标本，并架设各类探测设备，然后成功返回地球。然而，由于苏联的解体、宇宙探测所需要的庞大费用等因素，到20世纪90年代为止，月球探测已停滞不前。

"阿波罗11号"的探测过程

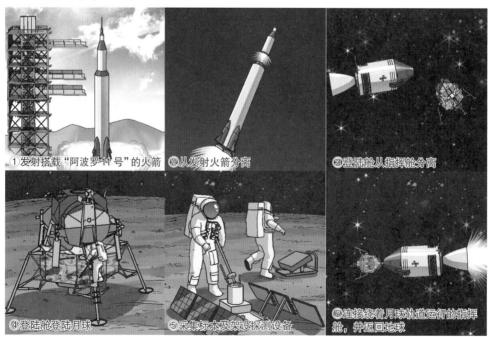

①发射搭载"阿波罗11号"的火箭

②从发射火箭分离

③登陆舱从指挥舱分离

④登陆舱登陆月球

⑤采集标本及架设探测设备

⑥连接绕着月球轨道运行的指挥舱，并返回地球

月球探测的未来

美国正在推动一项"重登月球"的计划，希望能在月球上建造人类至少可以居住六个月的基地。由于此项计划需要投入庞大的资金，因而由众多国家共同参与。假如月球上有一座基地，它便能扮演探测其他行星的中转站，以及取回月球各种资源的能源补给站的角色。

月球基地想象图

中国的月球探测计划

在中国的神话传说中，月球上有一位嫦娥和一只可爱的玉兔。在2013年12月14日晚上，这个传说终于变成了现实。当晚9时12分，"嫦娥三号"月球探测器在雨海西北部的虹湾区着陆。15日凌晨，月球探测车"玉兔号"与"嫦娥三号"分离，"玉兔"顺利驶抵月球表面，监视相机完整记录了此过程并将影像数据传回地球。继美国与俄罗斯（苏联）之后，中国成为第三个在月球表面实施探测任务的国家。

"嫦娥三号"所配置的天文望远镜最令人瞩目，因为在此之前，从来没人在月球上架过望远镜，如今它将带大家在月球上仰望星空，展开对天体的长期连续监测。"玉兔号"装有全景相机、测月雷达、粒子激发X射线谱仪、红外光谱仪器等科学探测仪器，将对月表进行3D光学成像、月表形貌与地质构造调查、月表物质成分探测、资源勘察等任务。"嫦娥"和"玉兔"的巡月之旅才刚刚开始，期待它们能传回更多宝贵的探测资料。

第四部

堂堂正正的对决

哦哦，点赞的人数已经开始攀升了！

终于开始了！

别担心！你的实验水准绝对胜过对手！

哼！

当然了！胜负基本上早已成了定局，不是吗？

什么？

你们给我住嘴！假设这次观看影片的网友中，女同学占一半的话，

这下无力反驳了吧！

我们等于已经掌握了 50% 的支持率，江士元势必获胜！

恭喜你啊！

什么嘛！我在分析战况，你竟然在那边进行采访？

好，那就开始第一个问题！

你只有五分钟！

采访中，请肃静！

将心比心，敬人者恒敬之，懂吗？

再说，等结果出炉，还有 46 分 35 秒的时间呢！

我来帮你！不如我们一起来加油打气，这样才能聚集能量嘛！

把手拿开！

范小宇，你没有见过坏人吧？别敬酒不吃吃罚酒！不然你就死定了！

采访中，请肃静！

我们开始吧！

不好意思啊！

103

如何？既简单又明了，对吧？

这些不用你解释，我也很清楚。

不过，事实上更加复杂哟！

嗯？

日全食不见得在同一地区每年都会发生，

因为月球的本影所扫过的日全食带范围，在地表上也不过是南北宽度二三百千米而已。

不见得一定会发生在陆地上能够观测的地点！因为地球的 70% 是海面嘛！

看到了，看到了！

日食观察者

即便是一个符合以上种种条件，因而能够在当地观测到日全食的地方……

我已经等了70 年了……

也因为日全食现象通常只维持几分钟的时间，

吃饭皇帝大！

竟然结束了！

咀嚼

再加上遇到气象不佳的情形，根本就无法观测到。

天啊！

难道观测日全食真有这么难吗？

以中国为例，上一次发生日全食是在 2009 年 7 月 22 日，而下次则要等到 2034 年 3 月 20 日，才能在西藏北部观测到！

嘿

那月食会比较容易观测到吗？

相较于日食来说，月球被地球的影子挡住的月食现象比较容易观测。

因为发生月食时，地球有半个范围处于夜晚的状态。

嗯，月食现象通常会维持约两小时，但途中搞不好会遇到黎明时刻。

所以能够全程观测整个月食过程的概率是比较大的。

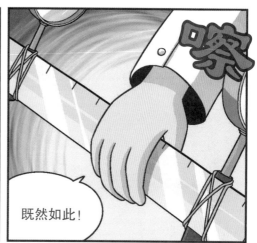

嚓

既然如此！

嚓

今天可是绝不能错过的好时机！

点赞的人数，许大弘，17 人！

江士元，35 人！

江士元对许大弘的友谊赛，江士元获胜！

哇

士元，我们赢了！

什么叫我们？

我真的很爱你……不对，我真的为你感到骄傲啊……

不要过来！

恭喜啊！士元！

来……来了！

既然胜负已定，该是你向许大弘提出条件的时候了！

112

115

事实就是如此嘛！

放手啊！

你别忘了，破坏我计划的人可是江士元！

嗯嗯

嗯嗯

嗯嗯

江士元，你这无情无义的家伙！君子报仇十年不晚，你等着瞧吧！

握紧

你们有看过昨天的影片吗？

哗哗

哗哗

你是黎明小学实验社的成员，对吧？

天啊，我好幸运啊！

哇！

哗哗

啊！

呼

啊！天啊，这样也被你们认出来？

没错，怎么样？不会是想要我的签名照……

我想问你……

江士元他也会到场吗？

现在人在哪里呢？

尴尬

何时到场呢？

他到场时，可以通知我们吗？

气死了！居然是一群江士元的崇拜者？

朋友们，我来了！

咚

范小宇！

你不是有急事要先赶回去的吗？

后来我觉得还是留下来陪你们一起看比赛比较妥当，所以就留下来了！

嚓

跟我来吧！我已经安排好不错的座位了。

我倒觉得坐在另一边应该可以看得更清楚……

慢步

慢步

什么座位都无所谓。

那！所以，你就跟我来吧！

嘿嘿

给我住嘴

叭

安全出口

是这里，这里！

哈哈哈

那个座位就是宝座！

休息室
大星小学

……

……

我们该准备进场了。

你们不必担心任何事情。只要配合我的安排就可以了。

啊，嗯！

紧张

这……

艾艾

吾吾

嗯？

120

要不要我故意写错报告呢?

还是进行实验时造成失误……

要不就是装作昏倒,你觉得呢?

?

你怎么会问这种问题呢?

其实我也想好了一个方法,

偷偷夹带一些魔术道具之后……

我只想……

够了你!

砰

各位,你们听好。今天我的计划是……

哎呀,天啊!走错……

休息室

大星小学

咔嗒

真是不好意思。

哎哟，我怎么会走错休息室呢？

！

对了，听说柯有学老师已经来到比赛会场了！

委员会两小时后才会召开，看来他是提早到了呢！

原来如此。

真是一个好消息。

自制简易天文望远镜

	实验报告
实验主题	使用两个凸透镜自制一架天文望远镜，更加仔细地观察位于远方的物体。
准备物品	❶ 黑色瓦楞纸板 2 张　❷ 凸透镜 2 个（直径分别为 50 毫米及 75 毫米）❸ 30 厘米的尺子　❹ 美工刀　❺ 透明胶带　❻ 胶水　❼ 双面胶　❽ 剪刀 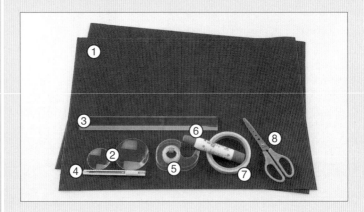
实验预期	两个凸透镜分别充当物镜和目镜，不仅能放大位于远方的物体以便观察，还能够进一步了解折射式望远镜的原理。
注意事项	❶ 裁剪瓦楞纸板时，请特别当心，以免割伤手部。 ❷ 不得使用简易望远镜直接观测太阳。 ❸ 尽可能使目镜镜筒的推进动作能维持顺畅，以便对准物体的影像。

实验方法

❶ 将瓦楞纸板裁剪成 10 厘米宽，切割方向和瓦楞纸板的条纹必须呈垂直方向。

❷ 在另一张瓦楞纸板有条纹的那一面轻轻割出一个用以固定 75 毫米凸透镜的凹槽。凹槽和条纹必须呈垂直方向。

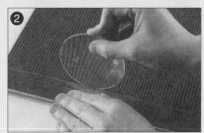

❸ 在凹槽的部位贴上双面胶或涂抹胶水。

❹ 将凸透镜插在凹槽后，再将瓦楞纸板卷成圆柱形，接着在其表面贴上透明胶带，形成物镜的镜筒。

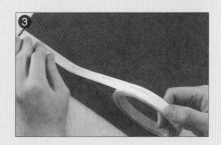

❺ 以相同方法装设 50 毫米凸透镜，制作出目镜的镜筒。

❻ 将双面胶均匀贴在步骤 1 所制得的瓦楞纸板上（没有条纹的那一面）。

❼ 将步骤6所制得的瓦楞纸板分别粘贴在目镜镜筒的上半部及下半部，使目镜镜筒得以顺利插入物镜镜筒内。

❽ 在物镜镜筒内插入目镜镜筒后，试着前后移动。若空隙太大，则增加一圈瓦楞纸，使两个镜筒能贴合且能顺畅滑动。

实验结果

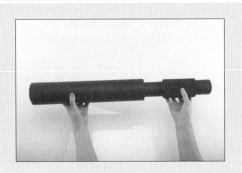

使用两个凸透镜的折射式望远镜观察位于远方的物体时，得到的影像比用肉眼观察到的更清晰。

这是什么原理呢？

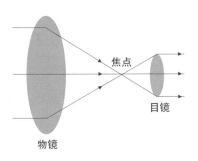

即使是在深夜用肉眼观察月球，我们也能够区分月球表面的明亮处（月陆）和阴暗处（月海）。如果使用简易望远镜，甚至能够观察到月球表面的陨石坑。

上述实验中的简易天文望远镜，是利用两个不同焦距的凸透镜来制作的，其原理在于：当光线在物镜的焦点附近相交成像时，用目镜将其放大，然后观察物体。由于光的折射现象，此时会呈现物体的倒立像。因此，我们将这款望远镜归类为折射式望远镜。由于这种望远镜成像的清晰度非常高，因而广泛使用于月球观测、行星观测等天文观测领域。

我们非要找到新的能源不可！就像"氦-3[1]"那样惊人的能源！

博士，即便穿上具有温度调节功能的太空衣，还是很闷热呢！

当然了！因为月球每 27.32 天才会完成一次自转，换算下来，也就等于白天的时长有将近 15 天。

由于吸收了惊人的太阳光，温度才会飙升到 130 摄氏度。

这样下去会变成烤老鼠啦！

氦-3，氦-3！

只要让我找到它的话……

哇啊啊

太阳被地球遮住了！

这么说，现在地球上正上演着一场月球被地球的影子所遮蔽的月食现象喽！

博士，虽然月球也蛮漂亮的，但我还是很想念有空气和水的地球！我们就回去吧！

在没有找到新的能源之前，我们绝对不能回去！

为什么？

经历这八个月漫长的太空飞行，我们的燃料已经见底了！

你怎么现在才说啊！

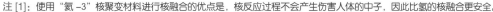

注 [1]：使用"氦-3"核聚变材料进行核融合的优点是，核反应过程不会产生伤害人体的中子，因此比氢的核融合更安全。

第五部

落入陷阱

哇啊啊

哇啊啊

慢步向前

嚓

现在就由我来公布今天的比赛主题。

主题是……

133

......

向心力……

这个名词好熟悉哦……

思考

方向的向，

我记得好像以前听说过……

加上力？

！

吃惊

想起

你在看什么？讨厌的家伙！

啊！

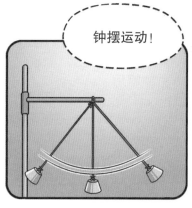

钟摆运动！

用绳子垂吊着钟摆，将其拉到一边再放开的话，便会以一个点为中心进行圆弧运动。

太阳系的很多行星，就像这个运动一样，借由万有引力绕着太阳运行。

也就是说，

思考

颤抖

万有引力是行星绕着太阳做圆周运动的向心力。

没错，向心力正是做圆周运动的物体，由于运动方向改变所需要的外力。

如果这个外力不足以提供圆周运动所需的向心力时，物体就会因惯性而被抛离旋转中心。

地球上之所以会出次两次涨潮，也是因为这种离心效应哦！

引力

胡说八道！

你不是跟我说涨潮和退潮是因为太阳和月球对地球的引力所引起的吗？

江士元！现在怎么又改口了呢？

发飙

安静点儿！

讨厌！

你为什么要给我错的资讯呢？

我有说错什么吗？！

他在说什么啊？

位置什么的？

飘浮

飘浮

一下变大，一下变小？

他究竟是怎么办到的？

不是人啊！

竟能记得下这么多的知识……

啊啊啊

我忘记录下来了！

他解释得好清楚哦！

我也要加入实验社！

我竟然有机会亲耳听到士元讲解知识！

我说你们，安静点儿好不好？人家正在比赛呢！

叽里呱啦讲个不停，这样人家怎么能静下心来观看比赛呢？

转天

那只猴子在说什么啊？

你挡到我们了，可以坐过去一点儿吗？

叮

居然不识好歹！

抱怨 抱怨 抱怨

真无法理解这群人！

啊！实验就要开始了。

所以你们给我听好，今天我们……

非赢不可！

咚

就照着既往模式全力以赴就可以了！懂了吗？

我们也正想如此！但是……

这么做的话，柯有学老师他……

为了我们而放弃的话，你……

他可是你最敬爱的老师！我们怎么可以……

他们这是……

哼！

看来他们依然犹豫不决呢！

你有看到昨晚的月食吗？

是……

静观其变！

在古希腊神话中有这么一则关于月食的传说。

原本太阳和月亮是王权守护神荷鲁斯的双眼，

但后来荷鲁斯被邪恶之神夺走了象征月亮的左眼。

然而，他最终因为得到智慧之神托特的帮忙而重获光明。因此，据说荷鲁斯的左眼象征着幸运的力量！

这就是一则关于月亮消失后
又重现的月食传说。

您想要表达的
意思是……

我们若想得到幸运
之神眷顾的话，不
得不先让那颗原先
的月亮彻底消失！

而这就是大星
小学的命运。

不过要是
他们不愿顺从
的话……

您的
意思是……

那可是跟我们一点儿关系
都没有，原因是……

就凭他们了解这整件
事情的真相，他们就
已经陷入了陷阱。

嗯嗯！

呼

没错。或许你们可能已经决定违背我的心意。但是……

啊！

嗒

砰

既然已经卷入了操纵比赛结果的风波……

呵呵呵呵

心理上就绝对不可能没有压力！这就是真正的陷阱！

145

接……
接到了!

嚓

?!

艾力克! 我们了解
你的心情, 但我们
很想帮你……

明白了! 我们也会全力以赴的!

握拳

点头 紧张

幸好实验道具没有受损! 对，真是太幸运了。

您认为他们这是在做什么实验呢？乍看之下像是在制作滑轮组……

是的。滑轮组是由若干个绕有线绳的圆轮组成，用以改变转速或调整力量大小最具代表性的道具。

根据他们使用大小不一的圆轮来看，应该是想要调整转速。

圆轮大小一样的话，一边的圆轮旋转一圈时，另一边的圆轮也会旋转一圈。但是像现在这样两个圆轮直径大小不同的话，当大圆轮旋转一圈时，小圆轮则会旋转好几圈。

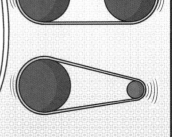

两种都会被扣分，
但第二种方案的扣分
幅度比较大。

竟然出这种
失误……

150

151

日食、月食实验

实验报告	
实验主题	利用地球仪、塑料球、台灯等道具，进一步了解日食和月食的原理。
准备物品	❶ 地球仪　❷ 塑料球　❸ 没有灯罩的台灯　❹ 塑料棒 
实验预期	了解太阳、地球和月球的位置变化，究竟会对日食和月食的发生造成什么样的影响。
注意事项	❶ 尽可能在暗处进行实验。 ❷ 请不要直接触碰发热的灯泡，以免造成手部灼伤。 ❸ 将台灯、地球仪和塑料球保持在相同高度。

实验方法

❶ 将台灯、塑料球和地球仪按图示依次摆放，并观察塑料球的影子。此时，台灯、塑料球和地球仪分别扮演太阳、月球和地球的角色。

❷ 这次则将台灯、地球仪和塑料球按图示依次摆放，并观察塑料球的亮度。

实验结果

当月球位于太阳和地球之间时，由于太阳被月球的影子遮蔽，因而地球上部分地区无法看到太阳，这就是日食。当地球位于太阳和月球之间时，月球被地球的影子遮蔽，这种现象就是月食。

这是什么原理呢？

　　日食和月食是地球、月球和太阳三者之间的位置在变动，使得某一时间段，某个天体被遮挡，在地球上相应地点的人看到其亮度于短时间内发生剧烈变化的现象。太阳被月球的影子所遮蔽的现象称为"日食"；月球被地球的影子所遮蔽的现象则称为"月食"。月球完全遮蔽太阳的现象称为"日全食"；局部遮蔽的现象称为"日偏食"；仅遮蔽太阳的中心部位，只能看到太阳圆环部位的现象，则称为"日环食"。日食在一年内通常会出现二至五次，但只有在完全被月球的影子遮蔽的地区或天气配合的情况下，才能观测到此现象。虽然月食产生的次数比日食少，但由于地球的直径比月球大很多，所以凡是进入夜晚的地区，几乎都能见到这一现象，因此能够观测到月食的次数比日食相对多一些。

第六部

艾力克的眼泪

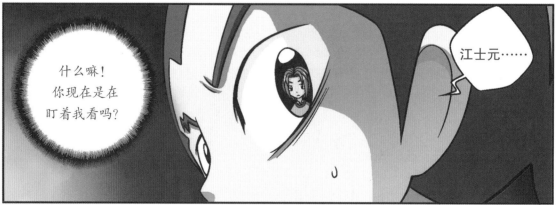

159

此时，乘坐过山车的人之所以不会直线下坠，是因为以足够快的速度做圆周运动。

哗啊啊啊啊啊

嘁咿咿咿

过山车是绕着圆形轨道做运动的，

向心力来自重力

呜呜呜

忽略摩擦力与空气阻力的话，如果过山车的出发高度等于圆形轨道直径的1.25倍[1]，那么过山车来到圆形轨道的最高点时，其重力恰好能提供转弯所需的向心力，就不会掉下来。

向心力

咲咲咲

注 [1]：为了安全起见，轨道的出发高度都会设计成比圆形轨道直径的 1.25 倍再高一些，加上车轮也设计成以侧导轮、上导轮跟下导轮三面来夹住轨道的形式，所以过山车就不会掉下来。

163

好!

那是……

现在该进行正式的向心力实验了。

大家准备好了吗?

嗯,我已经把水彩颜料加入水中稀释好了。

我的是红色!

我的是蓝色!

我的是黄色!

那就由敏皓开始!

点头

嗯!

在软木塞上方旋转的圆盘内的图画纸上……

滴一点点水彩颜料。

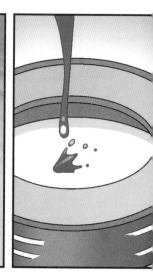

水彩颜料刚刚滴下去，瞬间就散开了！

这是因为水彩颜料与图画纸之间的附着力太小，不足以提供转圈所需要的向心力，颜料就会因惯性而被抛离旋转中心。

抛离方向

运动方向

利用圆周运动来作画，是这样吗？

嗯，运用这种方法使用不同颜色的颜料作画，随着颜料被抛离旋转中心，画纸上便会呈现各式各样的纹路。

你要听好！你天生具备了无与伦比的优异潜力。

如果我在你身边的话，你可能就无法发光发热了。

坦白说，我现在很难过，但离开才是真正为你着想的做法。

我之所以离开，是为了你们着想。

我不想害了你们！

因为你是我最珍惜的学生啊！

不要走！

你说谎！

你在说谎！

我终于领悟了。

老师的那份心意。还有最珍惜的学生……

这句话的含意！

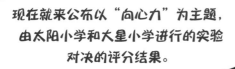

现在就来公布以"向心力"为主题，由太阳小学和大星小学进行的实验对决的评分结果。

啪

太阳小学　　**大星小学**

	主审	副审	副审	计		主审	副审	副审	计
内容	6	6	7	12.5	内容	7	7	6	13.5
态度	5	5	7	11	态度	8	8	6	15
报告	6	6	7	12.5	报告	6	6	7	12.5
总计	36分				总计	41分			

我们赢了！

紧张

哇啊啊

决赛第四轮比赛
是大星小学获胜。

哇啊啊啊

掌声四起

艾力克！
我们做到了！

是啊！

这可是决赛
的第一胜！

我早料到
我们会赢的！

呆

等……等一下！
这究竟是怎么回事？

不是说好
今天会让我们
胜出的吗？

可恶！

气

惊吓

呼啪

紧张

艾力克!

你既然做出这种决定,

就应该做好了付出代价的心理准备吧?

嗯

请帮我签名!

我也要!

抖抖抖抖抖

嘎

哇

小宇，你这是
什么表情啊？

我又看
到了……

抖抖抖抖抖

看到什么
东西了？

我说那里啊！
柯有学老师再次出现了！
你们没有看到吗？

那里，
走廊的尽头！

嘟咚

嗯？

天啊！可见
他也看得到！
他正朝着柯有
学老师的方向
走去呢！

慢步

向前

聪明，你来
捏我一下！
真希望这是
一场梦！

心惊胆战

你别再大惊小怪了。
那是老师没有错。

慢步　慢步

真的？
你也看得到吗？
是这样吗？

再见！

搔头

你表现得不错哦！

柯有学老师， 好久不见！

点头

啊，是啊！今天你们也表现得非常出色。看来艾力克身边都是一群很优秀的学生呢！

啊，嗯！我的学生……

对我而言，他们是一群……重要程度可以媲美老师的……朋友！

什么？我没听错吧？

朋友？！

177

敬请期待 科学实验王 24 《能量守恒定律》

书中人物的实验器材操作动作仅作为艺术处理，而非教学示范。规范的实验器材操作请在专业人士指导下完成。

地球的卫星：月球

月球离地球的距离最近，在夜晚可以观测到的天体中，月亮是最明亮的，也是我们最熟悉的星球。因此，从很久以前开始，月球就被视为非常神秘的研究对象。现在我们就来了解一下，到目前为止，月球已被人类发现的特性吧！

踩踏在月球表面上的宇航员脚印

月球的特征　随着人类正式展开对月球的探测，月球的大小、重力，以及其他特征的神秘面纱被逐一揭开。月球的半径约为1738千米，大约相当于地球半径的四分之一，而质量则相当于地球的八十一分之一。

月球表面的重力只有地球的六分之一，所以人类在月球上的体重也只有在地球上的六分之一。此外，由于月球上没有水和空气，因而几乎不会产生侵蚀作用。这就是1969年"阿波罗11号"登陆月球后，人类史上首次踏上月球表面的宇航员阿姆斯特朗的脚印，至今依然留存在月球表面的原因。

月球的陨石坑

月球的表面　月球表面有明亮和漆黑两个部分。其中，明亮的部分是月球的高地，称为"月陆"，而漆黑的部分则称为"月海"。与地形凹凸不平的月陆相比，月海较为平整，这是过去发生的火山活动所带来的结果。随着熔岩往低处盆地流动，陨石坑就被一一填补，进而使地形变得平整。陨石坑大多分布在月陆上[1]，是飞近月球的陨石与月球相撞所致，又称为"撞击坑"。这些陨石坑大小不一，其中也不乏直径超过200千米的大凹坑。

注 [1]：相比布满陨石坑的月陆，月海中很少出现陨石坑，其中一个原因是形成月海的玄武岩喷发年代较晚，掩盖了原有的陨石坑。

月球的公转与自转 月球的形状变化的周期称为"朔望月"。朔望月就是指月球绕地球转动时，从一个朔到下一个朔，或是从一个望到下一个望的时间间隔，约为29.53天。

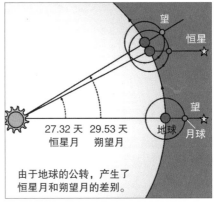

27.32 天 29.53 天
恒星月 朔望月

由于地球的公转，产生了恒星月和朔望月的差别。

而恒星月则是指月球对于一颗恒星来说的公转周期。假设月球上某一点，本来面向着一颗遥远的恒星，经过一段时间后，这一点指向同一恒星，这一周期就称"恒星月"，约为27.32天。

在地球上观测月亮的形状时，地球同时也在进行绕太阳运行的公转运动，地球已经在轨道上移动了少许，不能再和月球成一条直线形成满月，月球要再运行多一点儿的距离，才能再度和地球排成直线，所以朔望月的周期比恒星月的周期长。此外，我们总是只能见到月球的同一面，这是因为月球的公转周期和自转周期相同，其公转方向和自转方向也相同。

月球的位相变化 月球无法自己发光，只能反射来自太阳的光。在地球上观测月球时，由于太阳、地球和月球的相对位置会因月球的公转而改变，所以人们可以看到不同形状的月亮，我们称之为"月球的位相变化"。现在我们就通过图片来了解月球在不同位置的形状和名称吧！

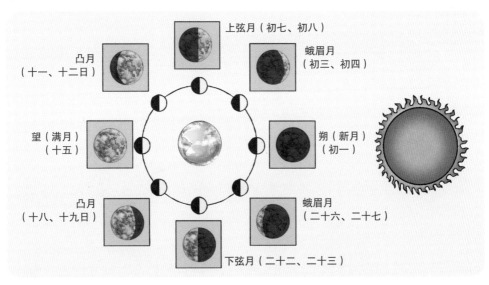

图书在版编目（CIP）数据

月亮的周期/韩国故事工厂著；(韩)弘钟贤绘；徐月珠译. —南昌：二十一世纪出版社集团，2018.11(2024.10重印)

（我的第一本科学漫画书. 科学实验王：升级版；23）

ISBN 978-7-5568-3839-4

Ⅰ.①月… Ⅱ.①韩… ②弘… ③徐… Ⅲ.①月球－少儿读物 Ⅳ.①P184-49

中国版本图书馆CIP数据核字(2018)第234020号

내일은 실험왕 23: 달의 대결
Text Copyright © 2013 by Story a.
Illustrations Copyright © 2013 by Hong Jong-Hyun
Simplified Chinese translation Copyright © 2016 by 21st Century Publishing House
This translation Copyright is arranged with Mirae N Co., Ltd. (I-seum)
through Jin Yong Song.
All rights reserved.

版权合同登记号：14-2015-008

我的第一本科学漫画书

科学实验王升级版❷❸月亮的周期   [韩] 故事工厂/著   [韩] 弘钟贤/绘   徐月珠/译

责任编辑	周 游
特约编辑	任 凭
排版制作	北京索彼文化传播中心
出版发行	二十一世纪出版社集团（江西省南昌市子安路75号 330025）
	www.21cccc.com（网址） cc21@163.net（邮箱）
出 版 人	刘凯军
经 销	全国各地书店
印 刷	江西千叶彩印有限公司
版 次	2018年11月第1版
印 次	2024年10月第8次印刷
印 数	60001～65000册
开 本	787 mm × 1060 mm 1/16
印 张	11.5
书 号	ISBN 978-7-5568-3839-4
定 价	35.00元

赣版权登字-04-2018-421

购买本社图书，如有问题请联系我们：扫描封底二维码进入官方服务号。服务电话：010-64462163（工作时间可拨打）；服务邮箱：21sjcbs@21cccc.com。